美发实训技术

王　瑶　黄志君　龙叶鸿　主　编

U0209011

中国财富出版社有限公司

图书在版编目（CIP）数据

美发实训技术 / 王瑶，黄志君，龙叶鸿主编 . —北京：中国财富出版社有限公司，2022.12

ISBN 978-7-5047-7763-8

Ⅰ.①美…　Ⅱ.①王…　②黄…　③龙…　Ⅲ.①理发—中等专业学校—教材　Ⅳ.① TS974.2

中国国家版本馆 CIP 数据核字（2023）第 003365 号

策划编辑	谷秀莉	**责任编辑**	邢有涛　刘康格	**版权编辑**	李　洋
责任印制	梁　凡	**责任校对**	卓闪闪	**责任发行**	杨　江

出版发行	中国财富出版社有限公司			
社　　址	北京市丰台区南四环西路 188 号 5 区 20 楼		**邮政编码**	100070
电　　话	010-52227588 转 2098（发行部）		010-52227588 转 321（总编室）	
	010-52227566（24 小时读者服务）		010-52227588 转 305（质检部）	
网　　址	http://www.cfpress.com.cn		**排　　版**	宝蕾元
经　　销	新华书店		**印　　刷**	北京九州迅驰传媒文化有限公司
书　　号	ISBN 978-7-5047-7763-8/TS·0123			
开　　本	787mm×1092mm　1/16		**版　　次**	2024 年 1 月第 1 版
印　　张	6.75		**印　　次**	2024 年 1 月第 1 次印刷
字　　数	87 千字		**定　　价**	45.00 元

本书编委名单

主　　编：王　瑶　黄志君　龙叶鸿

副 主 编：张小燕　温夏波　廖艳玉

参　　编：张春传　刘　静　温　霖　陈燕珍　黄洁华
　　　　　王静静　潘晓东　黄玲芝　蒙槐春　伍晓晨
　　　　　龙　腾　王志超　廖　宁　甘宏波　王　幸
　　　　　颜小川　黄永明　陈美宏

目　录

模块一

洗护项目

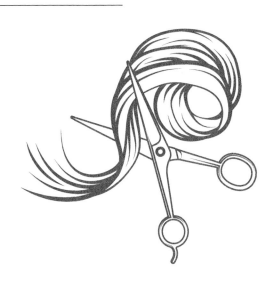

工作任务一：基础（中式）洗发

1.1.1 任务描述

基础（中式）洗发是美发店常用的洗发方法之一，也是非常传统的洗发技能（见图1-1），本次学习需要同学们掌握美发店的基础（中式）洗发服务流程。

图1-1　基础洗发

1.1.2 学习目标

1.知识目标

（1）掌握发质分类知识。

（2）掌握基础洗发常用手法。

2.能力目标

（1）能够判断顾客的发质，选用适合顾客发质的洗发水（洗发液）。

（2）能够用基础的洗发技巧为顾客洗发。

（3）能够按照流程完成洗发服务。

3.思政目标

（1）培养学生精益求精、专心致志的工作作风。

（2）培养学生文明礼貌的职业素养和人际沟通能力。

（3）培养学生为顾客服务的职业精神。

（4）培养学生诚实守信、坚守原则的品德。

（5）培养学生热爱劳动、吃苦耐劳的精神。

1.1.3 任务分析

1.重点

学习美发店基础洗发流程。

2.难点

掌握完整的基础洗发流程。

3.知识点

（1）常见发质分类。

（2）基础洗发手法。

一、常见发质分类

（一）油性发质

油性发质产生的原因是头皮油脂分泌过多，通常一到两天不洗，头发表面就会泛起油光，通常需要用pH值偏高的碱性洗发水才能将头发中多余的油脂洗干净，油性发质容易产生油性头皮屑，因此拥有此类发质的人需要勤洗发以改善发质。

（二）干性发质

此类发质缺少油脂和水分，发尾容易干枯和毛糙，和油性发质情况相反。因此此类发质需要选用pH值偏低的洗发水，并且需要定期焗油护理，以使头发光滑、有水分。

（三）中性发质（健康发质）

中性发质是一种较为理想的发质，既不干枯缺水，也不过分油腻，一般富有弹性和光泽。中性发质是比较健康的一种发质。一般此类发质选用中性的洗发水即可。

（四）受损发质

受损发质是由于物理或者化学因素受损的一种发质，一般指烫后、染后的发质，表现为干枯易断、缺少光泽、发尾毛糙，需要用烫染专用的洗发水，并且定期进行焗油护理。

二、洗发手法

洗发抓头皮时原则上应该以指腹为着力点，如果顾客需要，可以用指甲轻挠头皮，但是指甲必须剪短、挫圆，以免抓伤顾客头皮。

第一抓：双手同时抓，五指弯曲成空心掌状态，从额头发际线处开始抓挠头皮（见图1-2）。

图1-2　双手同时抓

第二抓：侧抓，将顾客的头向左侧或者右侧稍微倾斜，一手扶着顾客的头，另一手用手指打转的方式将泡沫揉搓在发际线处，然后按照逆时针方向将半边头抓完，对剩下半边进行相同操作（见图1-3）。

图1-3　侧抓

第三抓：交替抓，双手交替，从额头发际线抓至后脑（见图1-4），注意，力度不要过大，泡沫不要飞溅到顾客的脸部和衣服上。

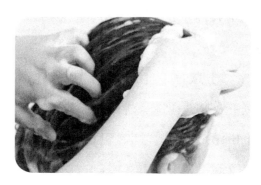

图1-4　交替抓

1.1.4 相关知识链接

判断发质四法。

常用洗发液的选择原则。

基础（中式）洗发服务流程。

一、判断发质四法

（一）看

用眼睛可以观察头发的若干信息。中性发质柔顺、亮泽、有弹性；

干性发质干枯毛糙，缺乏油脂；油性发质油脂多，光亮，柔韧，有头皮屑（见图1-5）。

图1-5　看

（二）摸

对于美发师而言，触觉能力是十分重要的，要能通过手的触摸，判断头发质地。手感柔滑、滋润、有弹性的头发属于健康发质；手感粗糙、干燥的头发属受损发质（见图1-6）。

图1-6　摸

（三）嗅

不洁或头皮患疾的头发会产生异味；健康的发质，头发清洁且不会产生异味（见图1-7）。

图1-7　嗅

（四）询问

向顾客询问有关情况，如使用什么洗发液，头皮、头发日常中有什么反应，烫、染情况等。

图1-8　询问

二、常用洗发液的选择原则

洗发液的选用要从以下3点考虑。

一是顾客的发质与头皮情况，是否适用所选用的洗发液。

二是价格，洗发液的档次可以根据顾客的经济承受能力来选择。

三是质量，店内选用的产品应该从正规渠道进货，保证产品的质量，防止假冒伪劣的产品进入市场。

三、基础（中式）洗发服务流程

基础（中式）洗发服务流程如表1-1所示。

表1-1　基础（中式）洗发服务流程

服务程序	操作流程	服务语言、动作	备注
洗头前	带位	"顾客，您的衣服要存起来吗？" "您衣服里面有贵重物品吗？""我帮您锁起来好吗？"（接过顾客衣服并挂好，贵重物品帮顾客锁好，把钥匙交给顾客并请他保管好） "顾客，请跟我到洗头区，请坐这张洗头椅。"（在前面以手势引导） "请稍等，我去拿毛巾。" "顾客，请喝水。"	一定要提醒顾客贵重物品自行保管好。找好空位，如果台位不干净应及时处理
	自我介绍	"顾客，您好，我是这里的××助理，很高兴为您服务。" "顾客，怎么称呼您呢？"	热情大方、彬彬有礼
	垫毛巾介绍洗发液	"顾客，让我先帮您垫条毛巾，好吗？"（双手把毛巾和塑料垫纸放在顾客肩上，左右对齐，再往衣领内折5cm～6cm，在洗发之前仔细观察头皮与发质，防止头皮有伤痕和不适之处。针对顾客的发质建议选用适合的洗发液）	注意一定要垫塑料垫纸，以免毛巾掉色
洗头中	挤洗发液打泡沫	1.挤洗发液：长发按2～3下，短发按1～2下 2.打泡沫：洗发液先挤在掌心，再放在顾客头上，以打圈方式（顺时针）打出泡沫，泡沫适量后将泡沫延伸到全头	洗发液不能太多，头发要充分湿润，这样既容易产生泡沫，又能节省洗发液

服务程序	操作流程	服务语言、动作	备注
洗头中	第一遍洗发	"顾客，您觉得力度合适吗？" "您觉得哪个位置需要用力请说一声，好吗？" （调整到顾客感觉舒服的力度，按照一定顺序从前到后、由外向内、从发际线到头顶以指腹抓洗头部）	洗发时间： 短发3分钟 长发5分钟
	第二遍洗发 （按摩头部）	（按摩头部5分钟左右，边洗边按摩头部，用指腹和掌腹，以打圈的方式用柔力由内向外有节奏按摩，注意几个穴位——印堂穴、太阳穴、通天穴、耳门穴等，并洗净） "您觉得头部还痒吗？不痒的话我们这边冲水好吗？" （冲水之前必须戴口罩，与顾客保持距离）	第二遍洗发时间： 10分钟
	试水温 冲水	（看清开关冷热方向，水龙头打开后，先用手腕部位试水温） "顾客，请问水温合适吗？" （花洒内扣，一只手手指并拢、内扣，掌边紧贴顾客头皮，边冲边轻抓，手到哪里，水就跟到哪里，重复进行，直至冲净） "顾客，请把眼睛闭上，谢谢。"	冲水时注意不要让水溅到顾客脸上或衣服上
	包毛巾	（先用干毛巾吸干脸部、颈部和耳朵部分的水，再用毛巾以按摩方式吸头发上的水，然后把毛巾包好） "顾客，已经洗好了，您可以起来了。"	注意包毛巾的方法，松紧合宜
洗头后	带位 按摩	（提醒顾客小心台阶、小心地滑，带至指定空位） "顾客，这边请，坐这里好吗？"（手势在前引导） 按摩顺序：头部穴位按摩—肩部、颈部放松—背部按摩—手部穴位按摩（共10分钟）	按摩中要询问顾客力度合不合适，而且按摩要有顺序

续表

服务程序	操作流程	服务语言、动作	备注
洗头后	叫设计师	"顾客，请问您有指定的设计师吗？" "顾客，请稍候，我去请设计师过来。" "顾客，您稍坐，××设计师马上到，需要帮您倒杯水吗？"（立即准备好顾客所需要的茶水和杂志） "顾客，这是本店的××设计师，现在由他为您服务。" "顾客，不好意思，××设计师大约×分钟到，您稍坐一下，我帮您拿本杂志好吗？"	如设计师在忙，应明确告诉顾客需要等待多长时间，此时如果有空，可以和顾客聊天，帮顾客打发时间
	跟进服务	"顾客，如果您还有其他什么需要，随时叫我好了，很高兴为您服务！"（离开后，随时留意顾客和设计师的需要并予以协助）	可以帮顾客加水、换杂志等

1.1.5　职业素养养成

（1）通过对已学知识的复习，培养学生理论结合实践、学以致用的思维方式。

（2）通过对基础（中式）洗发服务流程的学习，培养学生文明礼貌的职业素养和人际沟通能力。

（3）在实训中，培养学生为人民服务、为顾客服务的职业精神。

（4）在判断发质和选用洗发水的环节，培养学生诚实守信、坚守原则的品德。

（5）课程结束后，要求学生打扫干净实训室，培养学生热爱劳动、吃苦耐劳的精神。

1.1.6　任务分组

基础（中式）洗发任务分组如表1-2所示。

表1-2　基础（中式）洗发任务分组

班级		组号		指导教师	
组长		学号			
组员	姓名	学号		姓名	学号
任务分工					

1.1.7 工作准备

基础洗发任务工作单如图1-9所示。

组号：_____　姓名：_____　学号：_____　检索号：_____

引导问题：微课中所展现的洗发服务流程有什么不妥？

微课：不良的洗发服务流程

图1-9　基础（中式）洗发任务工作单

1.1.8 小组讨论

微课视频中接待服务出现的问题：

（1）

（2）

_____

（3）

_____

（4）

_____

1.1.9　修正洗发服务流程

修正洗发服务流程如表1-3所示。

表1-3　修正洗发服务流程

步骤	修正前	修正后
1		
2		
3		
4		

1.1.10　任务实施：基础（中式）洗发服务

基础洗发服务流程微课如图1-10所示。

微课：基础洗发服务流程

图1-10　基础（中式）洗发服务流程微课

1.1.11 顾客档案

顾客档案如表1-4所示。

表1-4　顾客档案

姓名		电话	
发质类型			
健康建议			
顾客反馈及评价			

1.1.12 评价反馈

洗发评价反馈如表1-5所示。

表1-5　洗发评价反馈

班级		组名		姓名	
出勤情况					
评价内容	评价要点	考察要点		分数	分数评定
1.查阅文献情况	任务实施过程中文献查阅	（1）是否查阅信息资料 （2）正确运用信息资料		10分	
2.互动交流情况	组内交流，教学互动	（1）积极参与交流 （2）主动接受教师指导		10分	
3.任务完成情况	规定时间内的完成情况	（1）带位 （2）自我介绍 （3）垫毛巾、介绍洗发液 （4）挤洗发液、打泡沫 （5）第一遍洗发 （6）第二遍洗发（按摩头部） （7）试水温、冲水 （8）包毛巾 （9）带位、按摩 （10）叫设计师 （11）跟进服务		50分	
	任务完成的正确性	任务完成的正确性		30分	
合计				100分	

工作任务二：泰式洗发

1.2.1 任务描述

泰式洗发是现今美发店里面最主要的洗发方式，与中式洗发的区别在于中式洗发是坐着洗，泰式洗发是躺着洗（见图1-11），本任务需要同学们掌握好泰式洗发的操作流程，以便在将来的工作中能快速胜任助理岗位。

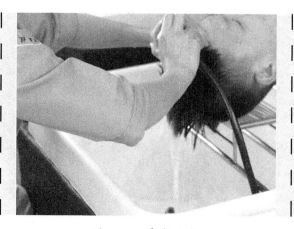

图1-11　泰式洗发

1.2.2 学习目标

1. 知识目标

（1）掌握泰式洗发的手法。

（2）掌握头部六线按摩法。

2. 能力目标

（1）能够判断顾客的发质，选用适合顾客发质的洗发水。

（2）能够按照头部六线按摩法给顾客按摩。

（3）能够按照流程完成泰式洗发服务。

3.思政目标

（1）培养学生精益求精、专心致志的工作作风。

（2）培养学生文明礼貌的职业素养和人际沟通能力。

（3）培养为顾客服务的职业精神。

1.2.3　任务分析

1.重点

学习头部按摩流程。

2.难点

掌握完整的泰式洗发服务流程。

3.知识点

头部六线按摩法。

头部六线按摩法

（1）双手大拇指交叠点摁印堂穴、神庭穴至百会穴。

（2）大拇指交叠点摁头维穴至百会穴。

（3）中指、无名指并拢，揉摁太阳穴至百会穴。

（4）大拇指点摁耳门穴、听宫穴、听会穴，来回拉、抹耳郭，揉摁至百会穴。

（5）点按风池穴，揉按至百会穴。

（6）点按风府穴，揉按至百会穴。

1.2.4　相关知识链接

泰式洗发服务流程。

泰式洗发服务流程

（1）判断顾客发质，选择适合的洗发水之后，给顾客垫好毛巾和防水垫。

（2）一手轻托顾客的后脑勺，扶顾客躺下。

（3）调节用水温度，用手腕试水温。

（4）待温度适宜后，握着花洒，将水从顾客的前额发际线处淋入，同时询问顾客水温是否适合，如不适合，需根据顾客的意见再次调节水温，直至顾客满意。

（5）沿着顾客的发际线冲湿头发，打湿全部头发。

（6）挤适量洗发水，均匀抹到顾客头发上，揉搓起泡。

（7）打出丰富的泡沫后，按照六线的顺序，双手同时从发际线处搔抓头皮至头顶百会穴。

（8）将顾客的头轻轻往旁边倾斜，单手托住头的另一侧，将手上的泡沫均匀涂抹在发际线位置，然后从颈脖处发际线抓至头顶百会穴，对另一侧进行相同操作。

（9）将顾客的头扶正，十指从额头发际线抓至后脑。

（10）抓完后，十指弯曲，揉搓头皮，注意，力度不能过大，更不要拉扯到顾客的发根。

（11）最后用头部六线按摩法，帮助顾客放松头皮，按摩结束后，冲洗干净泡沫。

（12）如果清洗的是女士长发，或者顾客的头发为受损发质，需要取适量的护发素涂抹于头发受损部位，一般是发中、发尾，切记不可涂抹至发根和头皮，否则会堵塞毛孔，造成头皮屑增多，甚至掉发。护理3~5分钟，冲洗干净护发素，包好毛巾，示意顾客起身。如果清洗的是男士短发且无烫染，清洗完后可直接用毛巾擦拭头发上的水，包好毛巾，示意顾客起身即可。

1.2.5　任务分组

泰式洗发任务分组如表1-6所示。

表1-6　泰式洗发任务分组

班级		组号		指导教师	
组长		学号			
组员	姓名	学号	姓名	学号	
任务分工					

1.2.6　工作准备

泰式洗发任务工作单如图1-12所示。

组号：_____　姓名：_____　学号：_____　检索号：_____

引导问题：按摩的时候是否需要将泡沫冲洗干净？

微课：头部六线按摩法

图1-12　泰式洗发任务工作单

1.2.7 小组讨论

微课视频中按摩时要注意的问题：

（1）

_____

（2）

_____

1.2.8 任务实施：泰式洗发服务

泰式洗发服务流程微课如图1-13所示。

微课：泰式洗发服务流程

图1-13　泰式洗发服务流程微课

1.2.9 顾客档案

泰式洗发顾客档案如表1-7所示。

表1-7　泰式洗发顾客档案

姓名		电话	
发质类型			
健康建议			
顾客反馈及评价			

1.2.10 评价反馈

泰式洗发评价反馈如表1-8所示。

表1-8　泰式洗发评价反馈

班级		组名		姓名	
出勤情况					
评价内容	评价要点	考察要点		分数	分数评定
1.查阅文献情况	任务实施过程中文献查阅	（1）是否查阅信息资料 （2）正确运用信息资料		10分	
2.互动交流情况	组内交流，教学互动	（1）积极参与交流 （2）主动接受教师指导		10分	
3.任务完成情况	规定时间内的完成情况	（1）按摩穴位的准确性 （2）泰式洗发服务流程的完整性		50分	
	任务完成的正确性	任务完成的正确性		30分	
合计				100分	

工作任务三：中药洗护

1.3.1 任务描述

中药洗护是使用含有中药成分的洗护产品进行洗护，中药洗护时促进血液循环、缓解肌肉紧张与大脑疲劳等有一定作用，是时下美发店里非常受欢迎的项目。艾草洗发水如图1-14所示。

图1-14　艾草洗发水

1.3.2 学习目标

1.知识目标

（1）了解中药洗护产品。

（2）掌握中药洗护服务流程。

2.能力目标

（1）能够向顾客介绍中药洗发水的功效。

（2）能够完整按照流程完成中药洗护服务。

3.思政目标

（1）培养学生精益求精、专心致志的工作作风。

（2）培养学生文明礼貌的职业素养和人际沟通能力。

（3）培养学生为顾客服务的职业精神。

1.3.3 任务分析

1.重点

了解艾草洗发水功效。

2.难点

分析顾客需求，选取合适成分的中药洗发水，完成中药洗护流程。

3.知识点

艾草洗发水介绍。

艾草成分洗发水介绍

（1）艾草洗发水主要成分：氨基酸表面活性剂、保湿调理剂、蕲艾精油、去屑成分等。

（2）适用人群：艾草洗发水的主要特点是温和清洁与控油，让发丝清爽、不油腻，同时柔顺、不干涩，因此适用于绝大多数发质。发质干枯、受损严重的人群，需要配合护发素、精油来使用艾草洗发水。

（3）产品功效：温和清洁、控油、养护头皮等。

1.3.4 任务分组

中药洗护任务分组如表1-9所示。

表1-9 中药洗护任务分组

班级		组号		指导教师	
组长		学号			
组员	姓名	学号	姓名	学号	
任务分工					

1.3.5 工作准备

中药洗护任务工作单如图1-15所示。

组号：_____ 姓名：_____ 学号：_____ 检索号：_____

引导问题：中药洗护服务流程与泰式洗发服务流程有何区别？

图1-15 中药洗护任务工作单

1.3.6 小组讨论

遇到发质干枯、受损严重的顾客时需要注意的问题：

（1）

_____

（2）

_____

1.3.7 任务实施：中药洗护服务

中药洗护服务流程微课如图1-16所示。

微课：中药洗护服务流程

图1-16　中药洗护服务流程微课

1.3.8 顾客档案

中药洗护顾客档案如表1-10所示。

表1-10 中药洗护顾客档案

姓名		电话	
发质类型			
健康建议			
顾客反馈及评价			

1.3.9 评价反馈

中药洗护评价反馈如表1-11所示。

表1-11 中药洗护评价反馈

班级		组名		姓名	
出勤情况					
评价内容	评价要点	考察要点		分数	分数评定
1.查阅文献情况	任务实施过程中文献查阅	（1）是否查阅信息资料 （2）正确运用信息资料		10分	
2.互动交流情况	组内交流，教学互动	（1）积极参与交流 （2）主动接受教师指导		10分	
3.任务完成情况	规定时间内的完成情况	（1）熟记艾草洗发水的适用人群及功效 （2）中药洗护服务流程的完整性		50分	
	任务完成的正确性	任务完成的正确性		30分	
合计				100分	

工作任务四：营养修护

1.4.1　任务描述

营养修护也叫作护理，对于烫、染后的受损发质有着一定的修复作用，是门店里的热门项目（见图1-17）。焗油是一种很重要的营养修护方式，因此我们需要掌握焗油的操作方法及注意事项。

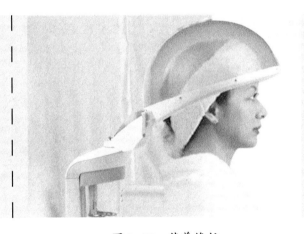

图1-17　营养修护

1.4.2　学习目标

1.知识目标

（1）掌握焗油机的使用方法。

（2）掌握焗油的操作流程。

2.能力目标

（1）能够独立完成焗油操作流程。

（2）能够正确使用焗油机。

3.思政目标

（1）培养学生精益求精、专心致志的工作作风。

（2）培养学生文明礼貌的职业素养和人际沟通能力。

（3）培养学生为顾客服务的职业精神。

1.4.3 任务分析

1.重点

学习焗油机的操作方法。

2.难点

独立完成焗油操作流程。

3.知识点

焗油的作用。

焗油的作用

焗油是一种染发护发的方法，一般是在头发上抹上染发剂或护发膏等，用红外线加热仪加热或利用蒸汽喷雾仪放出蒸汽升温，使油质渗入头发。而定期使用焗油产品可以改善头发营养不足的问题，焗油产品的营养成分能深入头发内部，让头发强力保湿和营养充分，使头发具有活性和弹性。所以，焗油是头发深层护理的关键。

1.4.4 相关知识链接

护发素与焗油膏的区别。

护发素与焗油膏的区别

（一）功效不同

使用护发素护发能减小头发的摩擦力，使头发更柔顺、不易打结、易梳，还能有效抵抗静电。而焗油膏除了具有这些功效，还能修护头发受损的毛鳞片，使头发更有光泽感，摸起来更柔顺。

（二）配方不同

护发素成分较简单，典型的有阳离子型表面活性剂，它能保护头发、减少静电的产生，除此之外，护发素中还有一种脂肪醇类的油脂，能帮助头发保湿。而焗油膏除了这些成分，还含有高分子硅油和保湿剂等能修复受损毛鳞片的物质，配方比护发素更为复杂，成本也比护发素高很多。

（三）使用方法不同

护发素一般在用洗发水洗头之后使用，洗完头发之后将护发素抹在头发上，停留几分钟之后用清水冲洗干净即可。而焗油膏使用时需要用机器加热以发挥最大功效。

总之，护发素和焗油膏都是护理头发的产品。护发素的使用更为方便，不用加热。而焗油膏相当于深层护理产品，在使用时需要加热一定时间才能冲洗，多用于严重受损的头发。

1.4.5 任务分组

营养修护任务分组如表1-12所示。

表1-12 营养修护任务分组

班级		组号		指导教师	
组长		学号			
组员	姓名	学号	姓名	学号
任务分工				

1.4.6 工作准备

营养修护任务工作单如图1-18所示。

组号：_____ 姓名：_____ 学号：_____ 检索号：_____

引导问题：如何安全操作焗油机？

微课：焗油机的使用方法

图1-18 营养修护任务工作单

1.4.7 小组讨论

焗油机的使用过程中需要注意的问题：

（1）

_____

（2）

_____

（3）

_____

1.4.8 任务实施：焗油服务

焗油操作服务流程微课如图1-19所示。

微课：焗油操作服务流程

图1-19 焗油操作服务流程微课

1.4.9 顾客档案

营养修护顾客档案如表1-13所示。

表1-13 营养修护顾客档案

姓名		电话	
发质类型			
健康建议			
顾客反馈及评价			

1.4.10 评价反馈

营养修护评价反馈如表1-14所示。

表1-14 营养修护评价反馈

班级		组名		姓名	
出勤情况					
评价内容	评价要点	考察要点		分数	分数评定
1.查阅文献情况	任务实施过程中文献查阅	（1）是否查阅信息资料 （2）正确运用信息资料		10分	
2.互动交流情况	组内交流，教学互动	（1）积极参与交流 （2）主动接受教师指导		10分	
3.任务完成情况	规定时间内的完成情况	（1）仪器的规范操作与安全意识 （2）焗油服务流程的完整性 （3）仪器归位，物品摆放整齐，清洁卫生		50分	
	任务完成的正确性	任务完成的正确性		30分	
合计				100分	

模块二
修剪造型项目

工作任务一：男士无缝推剪造型

2.1.1　任务描述

男士无缝推剪造型是以男士西装头为基础，向后吹梳的一种造型（见图 2-1）。同学们只有熟练地应用排骨梳与吹风机，才能将本款发型完成好。

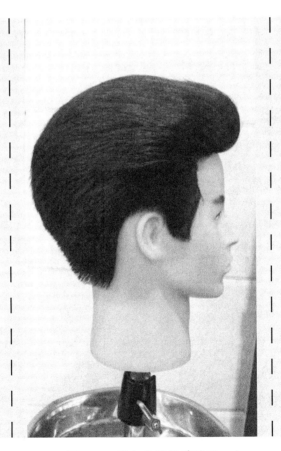

图 2-1　男士无缝推剪造型

2.1.2 学习目标

1.知识目标

（1）掌握男士西装头的修剪方法。

（2）掌握吹梳造型方法。

2.能力目标

（1）能够修剪出符合模特脸型的男士西装头。

（2）能够采取压吹、别吹、挑吹、拉吹等手法将头型吹成方圆形。

3.思政目标

（1）培养学生精益求精、专心致志的工作作风。

（2）培养学生文明礼貌的职业素养和人际沟通能力。

（3）培养学生为顾客服务的职业精神。

2.1.3 任务分析

1.重点

学习男士发型的吹风造型技巧。

2.难点

将发丝吹得平行顺畅，整体造型圆润、光滑。

3.知识点

男士西装头的修剪。

男士西装头的修剪

（一）发型概括

男士西装头是最常见的男士发型，也是男士发型的基础，包括顶区的修剪，侧区、后区的修剪等。

（二）修剪要素

（1）分区：马蹄形区。

（2）分片：横向分片。

（3）分配：圆形分配。

（4）站位：修剪顶区、后区时站正后方，修剪侧区时站侧方，随需移动。

（5）提升角度：90°。

（6）切口：圆形切口、三角形切口。

（三）修剪步骤

（1）将头发打湿梳顺。

（2）从两边额角连一条水平线，将头发分为两区，分出马蹄形区。

（3）修剪侧区发际线，定好底线和基线，坡度约为内斜60°。

（4）修剪后区发际线，坡度约为内斜60°。

（5）将顶区的头发放下，由自然垂落点连接耳后点，分为两区。

（6）顶部前区分三个小发区修剪，从中间定引导长度，提升角度为90°，切口为圆形。

（7）去角，连接左右两个小发区，后区放射连接。

（8）用牙剪打薄，使边线柔和。

2.1.4　相关知识链接

吹风的基本动作。

吹风的基本动作

（一）压

压的作用是使头发平整，要将梳齿插入头发，用梳背把头发压住，吹时梳子不移动，吹风口对着梳背来回移动，使吹出的热风经梳背渗入头发，将头发吹平整。

（二）别

为了把头发吹成微弯的状态，要把梳子斜插在头发内，梳齿向下沿头皮移动，使发干向内倾斜，操作时在手腕的带动下，将头发微微别弯，梳子不动，吹风口对着梳齿来回斜向吹，使发梢贴向头皮，增加头发的弹性。一般用于发缝小边部分，或顶部轮廓周围的发梢部分。对发涡部分也可采用此方法。

（三）挑

用梳子挑起一股头发向上提，使头发呈弧形，吹风口对着梳齿送风，将头发吹成微微隆起的形状。操作时先将梳齿自上而下插入头发，接着使梳齿向外，配合吹风，梳子微向上提，使梳齿内头发弯成半圆弧状，这种手法会使头发蓬松，发根站立，头发弯曲且富有弹性，主要作用于头顶部分等。

（四）拉

吹风机与梳子沿着头发的方向同时移动，梳顺头发。

（五）翻转

梳齿插入头发，随着梳子的转动，将头发卷至发根。

2.1.5 任务分组

男士无缝推剪造型任务分组如表2-1所示。

表2-1　男士无缝推剪造型任务分组

班级		组号		指导教师	
组长		学号			
组员	姓名	学号	姓名	学号	
任务分工					

2.1.6　工作准备

男士无缝推剪造型任务工作单如图2-2所示。

组号：＿＿＿＿＿＿　　姓名：＿＿＿＿＿＿　　学号：＿＿＿＿＿＿　　检索号：＿＿＿＿＿＿

引导问题：与女士长发吹风造型所选用的工具有什么区别？

微课：男士头发吹风造型技巧

图2-2　男士无缝推剪造型任务工作单

2.1.7 小组讨论

视频展示的男士头发吹风造型技巧：

（1）

_____

（2）

_____

（3）

_____

2.1.8 任务实施：男士无缝推剪造型

男士无缝推剪造型微课如图2-3所示。

微课：男士无缝推剪造型

图2-3　男士无缝推剪造型微课

2.1.9　顾客档案

男士无缝推剪造型顾客档案如表2-2所示。

表2-2　男士无缝推剪造型顾客档案

姓名		电话	
发质类型			
健康建议			
顾客反馈及评价			

2.1.10 评价反馈

男士无缝推剪造型评价反馈如表2-3所示。

表2-3 男士无缝推剪造型评价反馈

班级		组名		姓名	
出勤情况					
评价内容	评价要点	考察要点		分数	分数评定
1.查阅文献情况	任务实施过程中文献查阅	（1）是否查阅信息资料 （2）正确运用信息资料		10分	
2.互动交流情况	组内交流，教学互动	（1）积极参与交流 （2）主动接受教师指导		10分	
3.任务完成情况	规定时间内的完成情况	（1）四周轮廓清晰，发丝平行顺畅 （2）头型平整，圆润光滑 （3）刘海呈马蹄形 （4）两侧头发平行向后 （5）后部头发垂直向下		50分	
	任务完成的正确性	任务完成的正确性		30分	
合计				100分	

工作任务二：女士边缘层次修剪造型

2.2.1 任务描述

女士边缘层次修剪造型主要是形成前短后长的轮廓线，辅以电卷棒或者吹风造型等方法，创造出向内卷曲的内扣造型（见图2-4）。

图2-4　女士边缘层次修剪造型

2.2.2 学习目标

1.知识目标

（1）掌握边缘层次的修剪方法。

（2）掌握内扣造型的方法。

2.能力目标

（1）能够按照修剪六要素掌握向前渐进层次的修剪方法，按照标准的修剪流程进行修剪，完成造型。

（2）能够使用电卷棒完成内扣造型。

3.思政目标

（1）培养学生精益求精、专心致志的工作作风。

（2）培养学生文明礼貌的职业素养和人际沟通能力。

（3）培养学生为顾客服务的职业精神。

2.2.3 任务分析

1.重点

内扣造型的电卷棒使用技巧。

2.难点

将头发左右两边修剪对称，误差不超过0.5cm。

3.知识点

向前边缘层次发型修剪。

向前边缘层次发型修剪

（一）发型概述

向前边缘层次发型是结合了后部的一条线与两边侧区的斜线所构成的一种轮廓线发型。

（二）修剪要素

（1）分区：左右分区。

（2）分片：分出对角向后发片。

（3）分配：自然分配、偏移至一条线。

（4）站位：剪左站右，剪右站左。

（5）提升角度：0°。

（6）切口：垂直于地面。

（三）发型修剪步骤

（1）左右分区，由自然垂落点连接耳后点，分出前后区，将后区头发夹起，暂时不做修剪处理。

（2）分出1cm宽的对角向后发片，作为引导发片。

（3）将引导发片的头发按照自然生长的方向梳顺，至嘴角处走圆弧形，梳至鼻尖方向。

（4）发片0°提升角度修剪，切口垂直于地面，与鼻尖在同一条直线。

（5）全头按照同一方法修剪，最后吹干、修剪底线即可。

2.2.4 相关知识链接

发型修剪的基本要素。

发型修剪的基本要素

（一）头部基准点

（1）额前中心点：从鼻尖一直向上至发际线的那一点。

（2）头顶点：头顶最高的那一点。

（3）前顶点：头顶点至额前点的中间部分。

（4）转角点：最高点向后约一寸的那一点，头旋的位置。

（5）黄金点：整个头型的一半处。

（6）枕骨点：头后面凸出来的那一点。

（7）颈窝点：枕骨点与颈背点中间处最凹的地方。

（8）后颈点：头后面发际线的中央最低点。

（9）前侧点：从眉尾一直向上至前额发际线开始呈弧形的位置。

（10）侧角点：侧部凸出部分。

（11）鬓角点：在鬓角的地方。

（12）耳顶点：耳朵的最高点。

（13）耳后点：在耳朵的后面。

（14）颈侧点：在颈部的侧角。

（二）分线与分区

（1）中心线：中心线是从额前中心点到后颈点的连线，是将全头中分的线。

（2）马蹄形线：马蹄形线是从一边前侧点到另一边前侧点的 U 形线，其将全头分为马蹄形区和下部区。

（3）水平线：水平线是平行于地面的线条。

（4）垂直线：垂直线是垂直于地面的线条。

（5）对角向前斜线：对角向前斜线是朝脸的方向向前的斜线。

（6）对角向后斜线：对角向后斜线是朝后脑的方向向后的斜线。

（7）放射形线：放射形线是从一个定点向四周辐射发散的直线。

（三）面的概括

（1）前部面：前部面决定刘海的设计，包括形状、长度、厚度。

（2）顶部面：顶部面决定上半部发型的形状。

（3）底部面：底部面决定发型轮廓的设计，包括形状与长度。

（4）左部、右部、后部：左部、右部、后部决定整体发型的层次、流向、纹理等。

（四）提拉角度

（1）0°提升角度。

（2）一指位提升是一个手指宽度的微小提升。

（3）45°是0°和90°的中间，有一定的堆积重量。

（4）90°是以头型的切线为参照，垂直于切线的提升角度。

（五）切口断面

（1）方形切口：方形切口是修剪后发片呈方形。

（2）三角切口：三角切口有两种，分为堆积重量三角切口和去除重量三角切口。

（3）圆形切口：圆形切口由方形切口去角而成。

2.2.5 任务分组

女士边缘层次修剪造型任务分组如表2-4所示。

表2-4　女士边缘层次修剪造型任务分组

班级		组号		指导教师	
组长		学号			
组员	姓名	学号		姓名	学号
任务分工					

2.2.6 工作准备

女士边缘层次修剪造型任务工作单如图2-5所示。

组号：_____ 姓名：_____ 学号：_____ 检索号：_____

引导问题：内扣和翻翘造型的区别是什么？

微课：电卷棒操作技巧

图2-5　女士边缘层次修剪造型任务工作单

2.2.7 小组讨论

电卷棒造型过程中要注意的问题：

（1）

_____

（2）

_____

（3）

_____

2.2.8 任务实施：女士边缘层次修剪造型

女士边缘层次修剪造型微课如图2-6所示。

微课：女士边缘层次修剪造型

图2-6　女士边缘层次修剪造型微课

2.2.9　顾客档案

女士边缘层次修剪造型顾客档案如表2-5所示。

表2-5　女士边缘层次修剪造型顾客档案

姓名		电话	
发质类型			
健康建议			
顾客反馈及评价			

2.2.10 评价反馈

女士边缘层次修剪造型评价反馈如表2-6所示。

表2-6　女士边缘层次修剪造型评价反馈

班级		组名		姓名	
出勤情况					
评价内容	评价要点	考察要点		分数	分数评定
1.查阅文献情况	任务实施过程中文献查阅	（1）是否查阅信息资料 （2）正确运用信息资料		10分	
2.互动交流情况	组内交流，教学互动	（1）积极参与交流 （2）主动接受教师指导		10分	
3.任务完成情况	规定时间内的完成情况	（1）长度适中，前短后长过渡合理 （2）左右对称，误差不超过0.5cm （3）造型干净整洁，无乱发、碎发 （4）发尾有弹性，纹理清晰 （5）整体造型适合模特脸型、气质		50分	
	任务完成的正确性	任务完成的正确性		30分	
合计				100分	

模块三
烫发造型项目

工作任务一：定位烫

3.1.1 任务描述

定位烫又称纹理烫（见图3-1），是时下很流行的烫发方式，深受短发顾客的喜爱，因此掌握定位烫这项技能对同学们将来的工作非常有帮助。

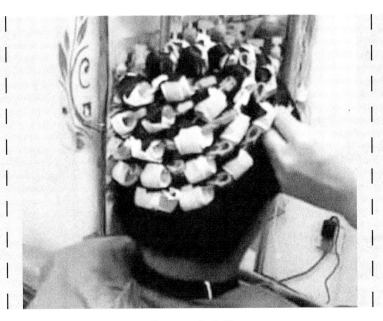

图3-1　定位烫

3.1.2 学习目标

1.知识目标

（1）掌握冷烫的知识。

（2）掌握定位烫的操作流程。

2.能力目标

（1）能够根据顾客的发量、发质设计排卷。

（2）能够独立操作完成定位烫。

3.思政目标

（1）培养学生精益求精、专心致志的工作作风。

（2）培养学生文明礼貌的职业素养和人际沟通能力。

（3）培养学生为顾客服务的职业精神。

3.1.3 任务分析

1.重点

学习单个定位卷的操作方法。

2.难点

能够按照操作流程完成定位烫。

3.知识点

冷烫的基本原理。

冷烫的基本原理

人的每一根头发都是由角蛋白通过二硫键连接在一起的，二硫键比较稳定，冷烫液的第一剂中含有还原剂，能够打开头发蛋白链间的二硫键，从而使头发失去固定形状，能够重新造型；将头发缠绕于卷杠后适时施第二剂，氧化作用可以使蛋白链间的二硫键重新就近组合，因此使新的形状得以固定。

早期的烫发水通常含有氨水以调节pH值，帮助头发毛鳞片打开，加速反应，因此烫发时有明显的异味，烫好的头发也常常有一股难闻的味道，现在的烫发水多选用酸性配方。

3.1.4 相关知识链接

烫发剂的成分及功能。

烫发剂的成分及功能

烫发剂分为 A 剂和 B 剂。A 剂又称冷烫液、冷烫精，主要为氨和巯基乙酸等化学成分，另外，含有蛋白质、润丝剂等。其中，巯基乙酸是还原剂，是改变头发结构的主要成分。氨是碱性的，能使头发膨胀。烫发药水的浓度，可由升高或降低巯基乙酸和氨的含量改变。冷烫液能切断头发中的二硫键，使头发可以重新塑形。B 剂又称定型剂，定型剂含有过氧化氢和溴酸钠成分，能够使断裂的二硫键重组并固定，让头发重新定型，一般与含护发剂的成分配合使用。

3.1.5 任务分组

定位烫任务分组如表3-1所示。

表3-1　定位烫任务分组

班级		组号		指导教师	
组长		学号			
组员	姓名	学号		姓名	学号
任务分工					

3.1.6 工作准备

定位烫任务工作单如图3-2所示。

组号：_____ 姓名：_____ 学号：_____ 检索号：_____

引导问题：定位烫实操前需要进行哪些准备？

微课：定位烫实操技巧

图3-2 定位烫任务工作单

3.1.7 小组讨论

定位烫的基本排列形状：

（1）

_____

（2）

_____

（3）

_____

3.1.8 任务实施：定位烫

定位烫的操作流程微课如图3-3所示。

微课：定位烫的操作流程

图3-3　定位烫的操作流程微课

3.1.9 顾客档案

定位烫顾客档案如表3-2所示。

表3-2　定位烫顾客档案

姓名		电话	
发质类型			
健康建议			
顾客反馈及评价			

3.1.10 评价反馈

定位烫评价反馈如表3-3所示。

表3-3 定位烫评价反馈

班级		组名		姓名	
出勤情况					
评价内容	评价要点	考察要点		分数	分数评定
1.查阅文献情况	任务实施过程中文献查阅	（1）是否查阅信息资料 （2）正确运用信息资料		10分	
2.互动交流情况	组内交流，教学互动	（1）积极参与交流 （2）主动接受教师指导		10分	
3.任务完成情况	规定时间内的完成情况	（1）工具、药品的准备 （2）排卷的整齐度 （3）药水滴加是否均匀 （4）流程步骤是否正确 （5）整体造型效果		50分	
	任务完成的正确性	任务完成的正确性		30分	
合计				100分	

工作任务二：波浪数码烫

3.2.1 任务描述

通过学习本任务内容，同学们可以在未来的工作中胜任整个热烫工作，并且按照标准化的流程进行操作，可以最大限度地保证操作的专业性，达到设计发型的效果，给顾客一个良好的消费体验。热烫如图3-4所示。

图3-4　热烫

3.2.2 学习目标

1.知识目标

（1）掌握热烫知识。

（2）掌握数码烫发机的操作方法。

（3）掌握波浪数码烫的操作流程。

2.能力目标

（1）能够独立操作数码烫发机，熟悉各个按键的功能。

（2）能够独立完成波浪数码烫操作流程。

3.思政目标

（1）培养学生精益求精、专心致志的工作作风。

（2）培养学生文明礼貌的职业素养和人际沟通能力。

（3）培养学生为顾客服务的职业精神。

3.2.3 任务分析

1.重点

学习数码烫发机的使用方法。

2.难点

热烫中头发软化程度的把握是烫发成功与否的关键。

3.知识点

热烫的基本原理。

热烫的基本原理

（一）热烫的基本认识

由于热烫A剂的作用，阿摩尼亚水将头发的毛鳞片打开，乙硫醇酸进入头发的皮质层，切断了头发二硫键之间的连接，由于杠子的外力作用，二硫键产生变化。给头发加热的时候，随着水分不断蒸发，头发内的氢键由原本被水切断的形态变为连接状态，在温度为120℃~140℃的时候，氢键会产生记忆"功能"，氢键的连接也会更稳定。待温度冷却下来后，加入热烫B剂，其中的溴酸钠或过氧化钠对二硫键进行重组，这样头发的型就定好了。

（二）热烫与冷烫的区别

1.相同之处

都是利用还原、氧化反应原理进行烫发。

2.不同之处

（1）是否需要加热

热烫添加高温加热的程序，通过杠具高温加热，使头发产生热度，最终形成两者之间的差异。

（2）卷度上的差异

热烫：湿发与干发卷度差异性大，花型可塑性强，干发比湿发卷度伸展性更强。

冷烫：湿发比干发卷度更高。

（3）发质上的要求

热烫：对发质要求较低。

冷烫：只局限于偏健康发质，受损发质冷烫效果不理想。

（三）烫前发质分类及软化判断

1.抗拒性发质（粗硬发质）

特点：头发浓密，弹性好，富有光泽，触感生硬，伴有自然卷，色度一般为2度。

常见问题：软化速度太慢、成型后卷度太高。

解决方案：可以通过加热来缩短软化的时间，提高效率；尽量选用直径大的杠子，避免选用小杠，上杠时拉头发的力度不应过大。

2.正常发质

特点：发质健康，表面光滑柔顺，发色比抗拒性发质略浅，为3度，弹性良好。

常见问题：无。

解决方案：无。

3.细软发质

特点：头发毛鳞片层数为6～8层，色度为4度，水分不多，发根贴头皮，看起来感觉发量少且稀疏。

常见问题：容易干枯毛糙，烫后效果不明显，发尾容易分叉。

解决方案：选用弱酸性的烫发药水，或者在烫发之前先用还原酸护理毛鳞片，应选用偏小号的杠子，增加烫发的弹性。

3.2.4 相关知识链接

热烫基本杠型。

热烫基本杠型

1.伞烫上杠杠型（13个发杠）

（1）分区、分份

如图3-5所示，第1～4层分别以耳后点、耳上点、前侧点为基准，头顶中分线以"之"字形划分等。

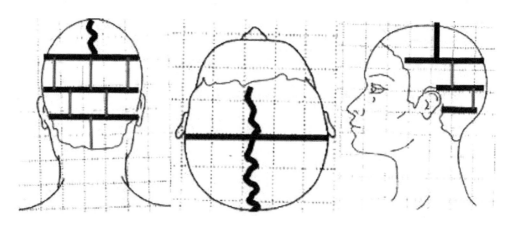

图3-5 伞烫的分区、分份

（2）卷杠

第一层：2个发杠，90°提拉，发杠摆平，向下卷。

第二层：3个发杠，60°提拉，发杠摆平，向下卷。

第三层：4个发杠，90°提拉，发杠摆平，向下卷。

第四层：4个发杠，90°提拉，每个发片对角向下卷杠。

伞烫卷杠方向如图3-6所示。

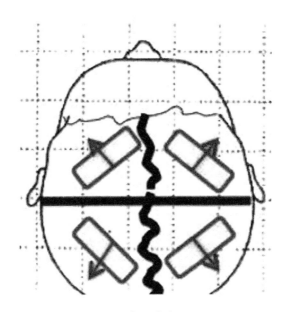

图3-6　伞烫卷杠方向

2.半头大波上杠杠型（7个发杠）

（1）分区、分份

U形区，从前侧点到黄金点画弧线。

中区与下区以耳上点为基准。

（2）卷杠

下区2个发杠，60°提拉。

中区4个发杠，90°提拉。

头顶U形区1个发杠，90°提拉。

卷杠方向如图3-7所示。

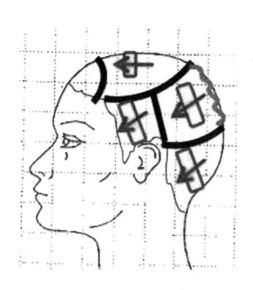

图3-7　卷杠方向

3.经典大花卷杠（11个发杠）

（1）分区、分份

U形区，从前侧点到黄金点画弧线。

中区与下区以耳上点为基准，中区斜前分份。

（2）卷杠

下区2个发杠，提拉60°，斜前摆杠，向前卷杠。

中区6个发杠，提拉90°，斜前摆杠，向前卷杠。

上区3个发杠，提拉90°，向后卷杠。

经典大花卷杠方向如图3-8所示。

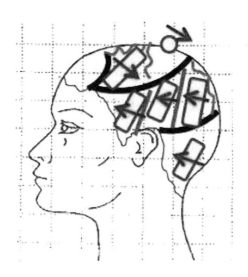

图3-8　经典大花卷杠方向

4.半扭转卷杠

（1）分区、分份

横向5个分区，半扭转分区如图3-9所示。

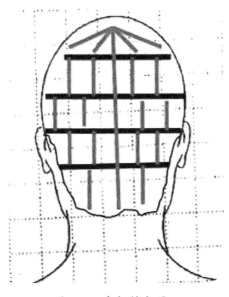

图3-9　半扭转分区

（2）卷杠

入卷方向：发根至发尾。

卷杠方法：半缠绕半扭转（发片先向后扭转，再向前片状缠绕1圈），重复此动作直至发尾。

低角度提拉，带紧张力，转折的折痕要清晰，片状的位置也要清晰。

5. 内扣梨花卷杠

（1）分区、分份

共三个垂直分区：A区平均分成3份；B区平均分成2份；C区1份，如图3-10所示。

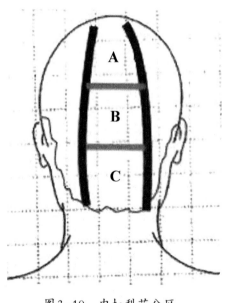

图3-10　内扣梨花分区

（2）卷杠

低角度45°提升，摆杠与剪切口平行，向下卷杠1.5圈，上层的发杠型号应比下层大一号，卷杠的落差依据发型层次的落差确定，如图3-11所示。

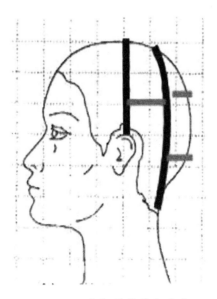

图 3-11　内扣梨花卷杠方向

3.2.5　任务分组

波浪数码烫任务分组如表3-4所示。

表3-4　波浪数码烫任务分组

班级		组号		指导教师	
组长		学号			
组员	姓名	学号		姓名	学号
任务分工					

3.2.6 工作准备

波浪数码烫任务工作单如图3-12所示。

组号：＿＿＿＿＿＿＿＿ 姓名：＿＿＿＿＿＿＿＿ 学号：＿＿＿＿＿＿＿＿ 检索号：＿＿＿＿＿＿＿

引导问题：数码烫发机由哪几部分组成？

微课：数码烫发机的使用操作规范

图3-12 波浪数码烫任务工作单

3.2.7 小组讨论

数码烫发机的操作要点：

（1）

_____

（2）

_____

（3）

_____

3.2.8 任务实施：波浪数码烫操作

波浪数码烫的操作流程微课如图3-13所示。

微课：波浪数码烫的操作流程

图3-13　波浪数码烫的操作流程微课

3.2.9 顾客档案

波浪数码烫顾客档案如表3-5所示。

表3-5　波浪数码烫顾客档案

姓名		电话	
发质类型			
健康建议			
顾客反馈及评价			

3.2.10 评价反馈

波浪数码烫评价反馈如表3-6所示。

表3-6　波浪数码烫评价反馈

班级		组名		姓名	
出勤情况					
评价内容	评价要点	考察要点		分数	分数评定
1.查阅文献情况	任务实施过程中文献查阅	（1）是否查阅信息资料 （2）正确运用信息资料		10分	
2.互动交流情况	组内交流，教学互动	（1）积极参与交流 （2）主动接受教师指导		10分	
3.任务完成情况	规定时间内的完成情况	（1）工具、药品等的准备 （2）排杠的整齐度 （3）软化程度的判断是否正确 （4）流程步骤是否正确 （5）整体造型效果		50分	
	任务完成的正确性	任务完成的正确性		30分	
合计				100分	

工作任务三：直发离子烫

3.3.1 任务描述

对一些天生自然卷的女生来说，拥有一头柔顺的直发往往是她们的梦想，因此直发离子烫（见图3-14）成了这一部分顾客的刚需，也是一名合格的烫染师需要掌握的技能。

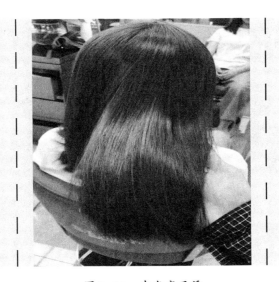

图 3-14　直发离子烫

3.3.2 学习目标

1.知识目标

（1）掌握热烫烫发知识。

（2）掌握电夹板拉直头发的操作方法。

（3）掌握直发离子烫的操作流程。

2.能力目标

（1）能够使用电夹板拉直头发。

（2）能够独立完成数码定位烫操作流程。

3.思政目标

（1）培养学生精益求精、专心致志的工作作风。

（2）培养学生文明礼貌的职业素养和人际沟通能力。

（3）培养学生为顾客服务的职业精神。

3.3.3 任务分析

1.重点

学习电夹板拉直头发的操作方法及注意事项。

2.难点

热烫中头发软化程度的把握是烫发成功与否的关键。

3.知识点

热烫操作流程。

热烫操作流程

（1）与顾客沟通，了解顾客的需求，根据顾客的需求给顾客设计合适的发型，将头发按照烫发设计要求修剪好。

（2）判断顾客的发质，选用适合的热烫药水，如果顾客是受损发质，则需要进行烫前护理。

（3）分好区，涂抹软化剂，按照设计的圈数判断需要涂抹的部位，根据发尾受损情况判断是否需要二次涂抹。

（4）用保鲜膜将涂抹了软化剂的部位包裹起来，根据发质情况和产品的药效安排保持时间，一般为20分钟以上。

（5）进行拉力测试：在两侧、后面等不同的位置，取一小束头发进行拉力测试，判断头发的软化程度，如果还未达到要求，则需要继续等待，可用红外线加热的方式加快软化速度，但是要注意不能软化太过，否则头发完全丧失弹性就会变为极度受损发质了。

（6）带顾客去冲水，将软化剂冲洗干净，用毛巾吸取头发上的水分直至不滴水。

（7）按照烫发设计的发型进行上杠处理，夹好隔热棉，插上连接线。

（8）将温度调整到100℃，时间设定为3分钟，进行预热，并在此时检查杠子是否通电，有没有接触不良的情况。

（9）预热结束后，进行第一次加热，温度设定为140℃，时间8分钟，结束后，等待温度下降至60℃～80℃，进行第二次加热，温度设定为120℃，时间6分钟。

（10）待温度下降至60℃左右，打开隔热棉，观察头发的含水量，如果还含有较多水分，则需要进行第三次加热。

（11）拆掉连接线，把热烫杠换成冷烫杠，注意，在这个过程中不能破坏杠子的卷度。

（12）给顾客垫上肩托盘，上定型剂，定型15分钟，冲洗拆杠，用护发素护理3～5分钟后冲洗干净。

（13）将顾客头发吹干，完成整体造型。

3.3.4　相关知识链接

电夹板的应用。

电夹板的应用

不同的发质，使用夹板时的操作方式是有所不同的，操作的要点主要集中在温度、角度与拉直的速度上。

（一）健康发质

（1）温度控制在160℃～180℃。

（2）将发片提升90°，从发根2cm处拉至头发中部，每3～6秒移动一个夹板的宽度。

（3）再从发根2cm处一直拉向发尾，速度同上。注意，在发尾停留的时间不要过长。

（4）最后针对发片在自然角度从上向下拉一次，速度为每1.5～3秒移动一个夹板的宽度。

（二）自来卷发质

（1）将温度控制在160℃。

（2）将发片提升120°，从发根拉向发尾，速度为每6秒移动一个夹板的宽度。

（3）再将发片提升90°，从发根拉向发尾，速度为每3秒移动一个夹板的宽度。

（4）最后针对发片在自然角度从发根拉向发尾，速度为每1.5秒移动一个夹板的宽度。

（三）受损发质

（1）将温度控制在120℃～140℃。

（2）将发片提升90°，从发根2cm处拉至健康发质与受损发质接近的部位，每3秒移动一个夹板的宽度，共拉2次，然后从发根一直拉向发尾。

（3）针对发片在自然角度从发根拉向发尾，速度为每1.5秒移动一个夹板的宽度。

3.3.5　任务分组

直发离子烫任务分组如表3-7所示。

表3-7　直发离子烫任务分组

班级		组号		指导教师	
组长		学号			
组员	姓名	学号	姓名	学号	
任务分工					

3.3.6　工作准备

直发离子烫任务工作单如图3-15所示。

组号：＿＿＿＿＿　姓名：＿＿＿＿＿　学号：＿＿＿＿＿　检索号：＿＿＿＿＿

引导问题：实操前是否需要判断顾客的发质类型？

微课：电夹板拉直头发规范演示

图3-15　直发离子烫任务工作单

3.3.7 小组讨论

电夹板拉直头发的操作要点：

（1）

_____

（2）

_____

（3）

_____

3.3.8 任务实施：直发离子烫操作

直发离子烫的操作流程微课如图3-16所示。

微课：直发离子烫的操作流程

图3-16 直发离子烫的操作流程微课

3.3.9 顾客档案

直发离子烫顾客档案如表3-8所示。

表3-8 直发离子烫顾客档案

姓名		电话	
发质类型			
健康建议			
顾客反馈及评价			

3.3.10 评价反馈

直发离子烫评价反馈如表3-9所示。

表3-9　直发离子烫评价反馈

班级		组名		姓名	
出勤情况					
评价内容	评价要点	考察要点		分数	分数评定
1.查阅文献情况	任务实施过程中文献查阅	（1）是否查阅信息资料 （2）正确运用信息资料		10分	
2.互动交流情况	组内交流，教学互动	（1）积极参与交流 （2）主动接受教师指导		10分	
3.任务完成情况	规定时间内的完成情况	（1）工具、药品等的准备 （2）药水的涂抹是否规范 （3）软化程度的判断是否正确 （4）流程步骤是否正确		50分	
	任务完成的正确性	任务完成的正确性		30分	
合计				100分	

模块四

染发项目

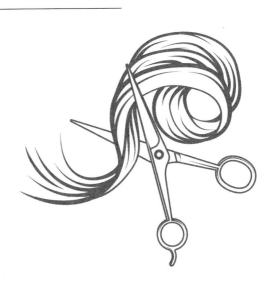

工作任务一：白发补色

4.1.1 任务描述

随着年龄的增长，白发越来越多成为令人头疼的难题，美发店内的盖白发项目正好可以完美解决该问题。本任务主要学习的是以染黑油的方式来遮盖白发。

4.1.2 学习目标

1.知识目标

（1）掌握染膏产品理论知识。

（2）掌握白发补色流程。

2.能力目标

（1）能够根据性能和成分对染膏进行分类。

（2）能够独立操作完成白发补色。

3.思政目标

（1）培养学生精益求精、专心致志的工作作风。

（2）培养学生文明礼貌的职业素养和人际沟通能力。

（3）培养学生为顾客服务的职业精神。

4.1.3 任务分析

1.重点

白发补色操作流程。

2.难点

均匀上色，染膏不沾染头皮或面部皮肤。

3.知识点

染发剂产品知识。

染发剂产品知识

（一）染发剂的分类方法

1.按产品性能分类

（1）一次性染发剂

这类染发剂只能覆盖在头发的表皮层，不会进入皮质层，水洗过后头发便会恢复原来的颜色。

（2）半永久性染发剂

这类染发剂颜色保持时间大概在一个月，这类染料分子会"镶嵌"在毛鳞片中，一部分会进入皮质层，因此它比一次性染发剂更耐水洗。不过随着水洗次数的变多，颜色也会慢慢褪去。

（3）永久性染发剂

这类染发剂有一个共同的特点，那就是使用过程中都需要加入氧化剂，色素分子才能在头发中显色，这类染发剂能使颜色保持比较久的时间。

2.按产品成分分类

（1）金属性染膏

这种染发膏中含有重金属离子，染后难以掉色，以黑油为代表。

（2）植物性染膏

成分中大多含有天然色素，对人体基本无害，但是上色慢，颜色不持久，色彩单一，多为棕色、黑色，在市场上并未大量使用。

（3）合成有机染膏

各种化学物质按照一定的比例调配而成，上色效果好，掉色慢，是目前市场上的主流产品。

（二）染发剂的成分与作用

（1）阿摩尼亚水：又称氨水，气味刺鼻，对人体的呼吸道黏膜有刺激作用，可以打开头发的毛鳞片，使得染发剂中的色素分子进入皮质层。

（2）人造色素：利用各种化学成分人工合成的色素，氧化膨胀后才能显色。

（3）护理基底乳剂：属于染膏的填充成分，对头发有一定的保护作用。

（4）香精：使得染发剂的味道稍微温和，掩盖阿摩尼亚水的味道。

（5）水：使得染发剂处于膏状，保持产品的特性。

（三）永久染发剂作用机理

染发剂在和双氧乳按照1∶1的比例充分混合，涂抹到头发上后，其中的阿摩尼亚水会"打开"头发的毛鳞片，人工色素分子从毛鳞片的缝隙进入头发的皮质层，并且慢慢氧化膨胀显色，与头发内的天然色素组合，最后呈现出来的就是目标色。

4.1.4 相关知识链接

刷油涂抹的操作方法。

刷油涂抹的操作方法

（1）对全头头发进行十字分区，用夹子夹好头发。

（2）从后侧区取横向发片，不可太厚也不可太薄。

（3）留出发根3cm～5cm，在发中、发尾均匀涂抹上染发剂，走Z字形，这种涂抹方法可以把染发剂涂抹均匀，甚至可以用手带顺一遍头发。

（4）在发中、发尾涂抹透染发剂后，用染刷的尾部定住发根，使这片头发具有支撑力。

（5）以此类推，取第二片发片，同样留出发根3cm～5cm，以Z字形手法涂抹完发中、发尾，最后用梳子定好发根，处理好第二片发片。

（6）以此方法处理完整个发区。

（7）接着涂抹发根，尽量不要触及头皮，把发根的染膏涂抹均匀，量少一点，不要堆膏，直至处理完全头的发根。

（8）涂抹完发根后，对分区线未刷到的地方进行补刷，仔细检查全头是否有缺漏的地方，将缺漏的地方补刷完毕即完成整个刷油涂抹操作。

4.1.5 任务分组

白发补色任务分组如表4-1所示。

表4-1 白发补色任务分组

班级		组号		指导教师	
组长		学号			
组员	姓名	学号	姓名	学号	
任务分工					

4.1.6 工作准备

白发补色任务工作单如图4-1所示。

组号:_____ 姓名:_____ 学号:_____ 检索号:_____

引导问题:你知道头发为什么会变白吗?

微课:白发形成的原因

图4-1 白发补色任务工作单

4.1.7 小组讨论

白发形成的原因:

(1)

_____

(2)

_____

(3)

_____

4.1.8 任务实施:白发补色操作

白发补色操作流程微课如图4-2所示。

微课：白发补色操作流程

图 4-2　白发补色操作流程微课

4.1.9　顾客档案

白发补色顾客档案如表4-2所示。

表 4-2　白发补色顾客档案

姓名		电话	
发质类型			
健康建议			
顾客反馈及评价			

4.1.10 评价反馈

白发补色评价反馈如表4-3所示。

表4-3 白发补色评价反馈

班级		组名		姓名	
出勤情况					
评价内容	评价要点	考察要点		分数	分数评定
1.查阅文献情况	任务实施过程中文献查阅	（1）是否查阅信息资料 （2）正确运用信息资料		10分	
2.互动交流情况	组内交流，教学互动	（1）积极参与交流 （2）主动接受教师指导		10分	
3.任务完成情况	规定时间内的完成情况	（1）工具、药品的准备 （2）双氧乳浓度的选用 （3）染膏涂抹是否均匀 （4）流程步骤是否正确		50分	
	任务完成的正确性	任务完成的正确性		30分	
合计				100分	

工作任务二：时尚色染发

4.2.1 任务描述

在美发店的工作中染发是非常重要的一个项目，在成为一个发型师之前，必须成为一个优秀的烫染技师，本任务为大家解读店内的时尚色染发操作流程。

4.2.2 学习目标

1.知识目标

（1）掌握染发基础理论知识。

（2）掌握时尚色染发流程。

2.能力目标

（1）能够根据顾客目标色和头发的底色选择浓度合适的双氧乳。

（2）能够独立操作完成时尚色染发。

3.思政目标

（1）培养学生精益求精、专心致志的工作作风。

（2）培养学生文明礼貌的职业素养和人际沟通能力。

（3）培养学生为顾客服务的职业精神。

4.2.3 任务分析

1.重点

染发基础理论知识的掌握。

2.难点

均匀上色，完成目标色。

3.知识点

染发基础理论。

染发基础理论

（一）色彩知识

（1）三原色（主色）：红、黄、蓝为色彩的三原色，任何颜色都由这三种颜色混合而成。

（2）二次色（副色）：橙、绿、紫为色彩的二次色，由任意两份等量的主色等比例混合而成，例如，红＋黄＝橙、黄＋蓝＝绿、红＋蓝＝紫。

（3）三次色（调和色）：橙红、橙黄、紫红、紫罗兰、荧光绿、孔雀绿为色彩的三次色，由等量的三原色与相邻的等量二次色等比例混合而成，例如，红＋橙＝橙红、黄＋橙＝橙黄、红＋紫＝紫红、蓝＋紫＝紫罗兰、黄＋绿＝荧光绿、蓝＋绿＝孔雀绿。

（4）特殊色：红＋黄＋蓝＝棕（1:1:1）、红＋黄＋蓝＝棕（1:1:2）等。

（二）颜色的冷暖

以红色为主的色调称为暖色，以蓝色为主的色调称为冷色。暖色给人一种温暖、喜庆、活泼、膨胀的感觉。冷色给人一种严肃、清冷、庄严、高贵的感觉。

（三）色彩的明度与纯度

色彩的明度是指色彩的明亮程度，也指色彩的深浅，也就是色彩加入白或者黑后所起的变化的反映，明度最高为白色，最低为黑色。

色彩的纯度是指色彩所具有的鲜艳度和强度（原色在色彩中的百分

比），纯度最高的颜色被称为原色。

（四）色度与色调

1.色度

色度是用来表示头发内所含黑色素多少的指标，不同的色度显示了头发颜色不同的深浅度。一般来讲头发可分成十个色度，分别由1至10十个数字表示。数字越小所含黑色素越多，颜色就越深，反之数字越大所含黑色素越少，颜色就越浅。在染发的过程中色度起到了决定性的作用。

1是蓝黑；2是自然黑；3是深棕；4是棕色；5是浅棕；6是深金；7是金色；8是浅金；9是浅浅金；10是极浅金。

中国人的头发一般为1～3度，最常见的是2度，因此2度色又被称为自然黑。3度色的头发很常见，也叫作自然色，这样的头发比较好染，染出来也比较有光泽。欧洲人的头发色度一般为4～6度。

2.色调

色调决定一种颜色表现出来的具体色彩。

不同厂商色调和数字对应关系可能不同，本书中色调和数字对应关系如下：

1=灰、2=绿、3=黄、4=红、5=紫红、6=紫、7=棕、8=蓝。

（五）染发剂的表示方式

1.自然色染发剂（基色）

只有色度没有色调，内含天然色素，表示为XX/0或X/0（X表示数字）。自然色染发剂可以用来覆盖白发，也可以在染发的过程中少量使用以加深目标色，使颜色更加持久。

2.时尚色染发剂

有色度也有色调，表示为 X/X 或 X/XX，是常用的染发剂。

3. 工具色染发剂

只有色调没有色度，表示为0/XX，能够增强色彩，使颜色更加鲜艳，也可以对冲掉多余的色素，避免颜色受到干扰等。

4.2.4　相关知识链接

双氧乳的使用技巧。

双氧乳的使用技巧

（一）双氧乳的作用

（1）与染发剂混合，使稠状的染发剂变成膏状，易涂抹于头发上。

（2）打开毛鳞片，使得色素分子迅速进入皮质层。

（3）内含强氧化物H_2O_2，可以释放活性氧，氧化染膏内的色素分子，使进入皮质层的色素分子氧化膨胀，与天然色素结合并最终显色。

（二）双氧乳不同浓度的作用

（1）3%：只能染深色，不能染浅色。

（2）6%：可以染深、染同度、染浅1～2度。

（3）9%：可以染浅2～3度。

（4）12%：可以染浅3～4度。

4.2.5 任务分组

时尚色染发任务分组如表4-4所示。

表4-4 时尚色染发任务分组

班级		组号		指导教师	
组长		学号			
组员	姓名	学号		姓名	学号
任务分工					

4.2.6 工作准备

时尚色染发任务工作单如图4-3所示。

组号：_____ 姓名：_____ 学号：_____ 检索号：_____

引导问题：视频中提到的染发工具有哪些？

微课：染发前的准备工作

图4-3 时尚色染发任务工作单

4.2.7 小组讨论

染发前需要做的准备工作：

（1）

_____

（2）

_____

（3）

_____

4.2.8 任务实施：时尚色染发操作

时尚色染发操作流程微课如图4-4所示。

微课：时尚色染发操作流程

图4-4 时尚色染发操作流程微课

4.2.9 顾客档案

时尚色染发顾客档案如表4-5所示。

表4-5 时尚色染发顾客档案

姓名		电话	
发质类型			
健康建议			
顾客反馈及评价			

4.2.10　评价反馈

时尚色染发评价反馈如表4–6所示。

表4–6　时尚色染发评价反馈

班级		组名		姓名	
出勤情况					
评价内容	评价要点	考察要点		分数	分数评定
1.查阅文献情况	任务实施过程中文献查阅	（1）是否查阅信息资料 （2）正确运用信息资料		10分	
2.互动交流情况	组内交流，教学互动	（1）积极参与交流 （2）主动接受教师指导		10分	
3.任务完成情况	规定时间内的完成情况	（1）工具、药品的准备 （2）双氧乳浓度的选用 （3）染膏涂抹是否均匀 （4）流程步骤是否正确		50分	
	任务完成的正确性	任务完成的正确性		30分	
合计				100分	